图书在版编目（CIP）数据

探秘鸟巢 / （日）铃木守著绘；张小蜂译. -- 成都：
天地出版社，2024.9
ISBN 978-7-5455-8381-6

Ⅰ．①探… Ⅱ．①铃… ②张… Ⅲ．①鸟类—儿童读
物 Ⅳ．①Q959.7-49

中国国家版本馆CIP数据核字（2024）第106070号

Original Japanese title: TORINOSU MITSUKETA
Copyright © 2002 Mamoru Suzuki
Original Japanese edition published by Asunaro Shobo Co., Ltd.
Simplified Chinese translation rights arranged with Asunaro Shobo Co., Ltd.
through The English Agency (Japan) Ltd. and Shanghai To-Asia Culture Co., Ltd.
著作权登记字号 图进字：21-24-067

TANMI NIAOCHAO

探秘鸟巢

出 品 人	杨　政	网　　址	http://www.tiandiph.com
著　者	[日]铃木守	电子邮箱	tianditg@163.com
译　者	张小蜂	经　销	新华文轩出版传媒股份有限公司
总 策 划	陈　德	印　刷	北京博海升彩色印刷有限公司
策划编辑	李婷婷	版　次	2024年9月第1版
责任编辑	李秀芬	印　次	2024年9月第1次印刷
责任校对	卢　霞	开　本	787mm×1092mm 1/16
营销编辑	魏　武	印　张	3
美术设计	周才琳	字　数	32千字
责任印制	刘　元　高丽娟	定　价	42.00元
出版发行	天地出版社	书　号	ISBN 978-7-5455-8381-6

（成都市锦江区三色路238号　邮政编码：610023）
（北京市方庄芳群园3区3号　邮政编码：100078）

铃木守的自然课

探秘鸟巢

[日] 铃木守 / 著绘　张小蜂 / 译

天地出版社 | TIANDI PRESS

我住在山中的一座小木屋里。

我喜欢树，所以在家的周围种了很多树。
一天，我种完树后，在草丛里发现了一个废弃鸟巢。

这是一个用枯草编制的小鸟巢。

一想到在这个鸟巢中，鸟妈妈曾产了几枚蛋，有几只雏鸟从这个巢中长大飞了出去，我就觉得非常开心。

我试着在家的周边仔细寻找，发现到处都是雏鸟已经离开的废弃鸟巢。

这些鸟巢为什么会出现在这里呢？如果有人能告诉我答案就好了。

我仔细观察这些鸟巢，发现它们的形状和使用的材料各不相同。

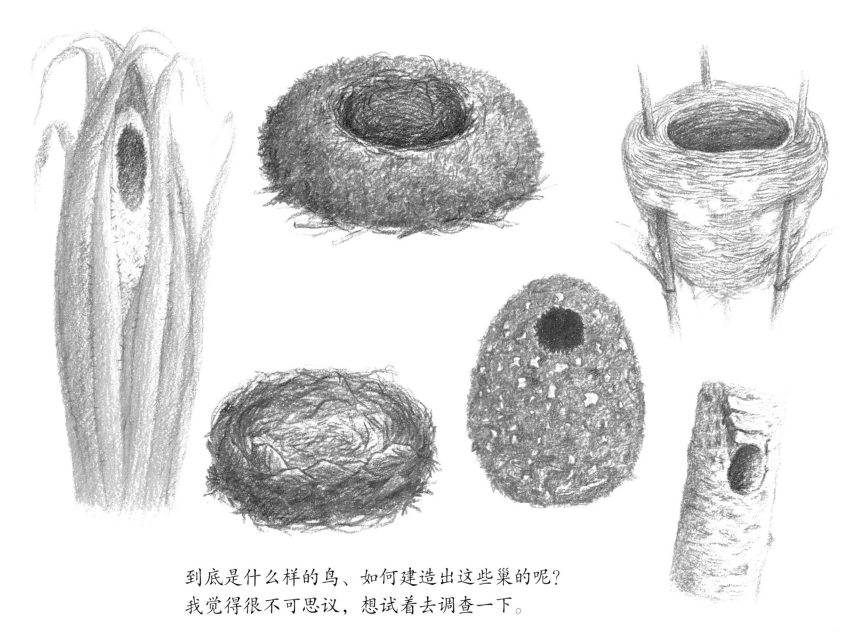

到底是什么样的鸟、如何建造出这些巢的呢?
我觉得很不可思议，想试着去调查一下。

牛头伯劳
用枯草和根
建造碗状的巢

暗绿绣眼鸟
在分叉的树枝间，用蛛丝将苔藓、
棕榈等粘起来，建造杯状的巢

短翅树莺
用竹叶和芒
建造球形的巢

褐河乌 用枯草和苔藓建造圆顶状的巢

灰鹡鸰 用枯草和根建造盘子状的巢

经过调查我才知道，原来在我家周围常见的那些鸟，会用各种各样的方法去筑巢。

白腹蓝鹟（雌性）
用苔藓和根建造
像坐垫一样的巢

东方大苇莺
在芦苇枝间用枯草
编出碗状的巢

棕扇尾莺
用蛛丝将芦苇叶粘在一起，
建造像袋子一样的巢

日本歌鸲 用枯叶建造盘子状的巢

北长尾山雀
用蛛丝将苔藓等粘在
一起，建造球形的巢，
并在里面放入羽毛

小星头啄木鸟
用嘴在枯木上
打洞筑巢

11

不过，我知道，这些在日本生活的鸟并不都是在日本筑巢，也有一些候鸟是在外国筑巢的。

接下来，我决定去调查这些鸟分别在什么地方、建造什么样的巢。

白额雁，飞到距离日本 4000 千米的西伯利亚草原，拔下自己的绒毛，建造像坐垫一样柔软的巢。这样，无论在多么寒冷的天气下，鸟蛋和雏鸟都会非常温暖。

短尾鹱，飞到距离日本 9000 千米的澳大利亚周围的小岛上，在地面挖一个洞筑巢。

以前，我并不知道这些小鸟每年都会准确无误地飞到那么遥远的海岛上筑巢。

这激发了我的好奇心。我决定去世界各地调查更多的鸟巢。

在非洲，黑头织雀为了躲避天敌侵扰，会用草编织成笼子一样的巢，悬挂在树枝上。

数百只群织雀聚居在一起，收集枯草，建造出长达 5 米、如大型公寓般的巢。这种巢的内部又宽敞又凉爽，非常适合居住。

在美洲的沙漠中，棕曲嘴鹪鹩为了防范天敌，将巢建在仙人掌尖刺的包围之中。

鸟巢周围布满尖刺，谁都无法靠近。

从入口钻进去，穿过一条"隧道"就可到达鸟巢里面的"房间"。

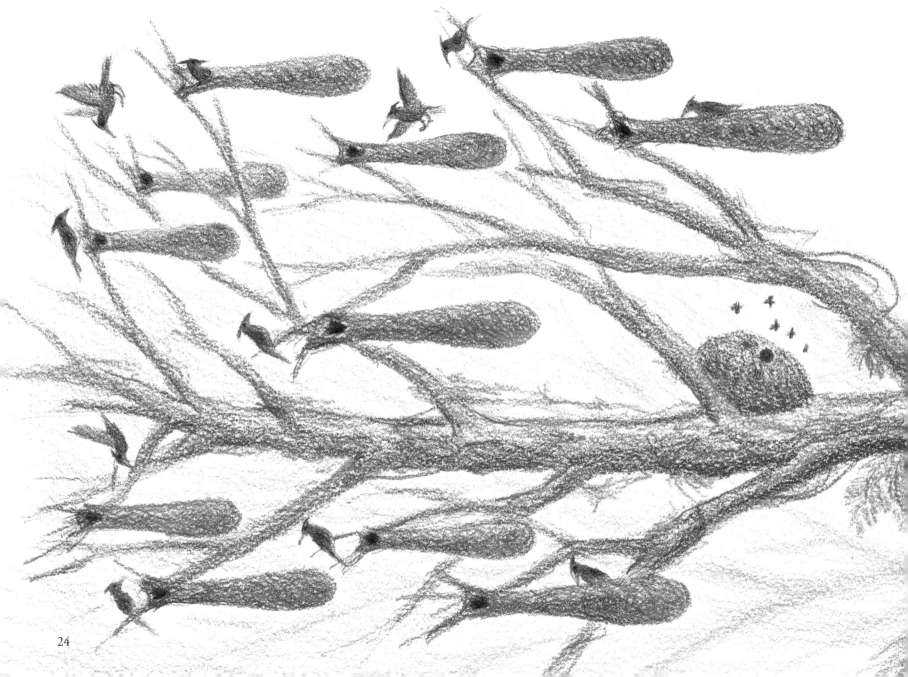

在南美洲的丛林里面，拟棕鸟可建造出最长达2米、像袋子一样的巢。

由于它们的巢一般建在蜂巢附近，所以别的动物靠近时，就会被蜂群攻击，但是这些蜂却不会击拟棕鸟。

líang

25

在亚洲的草原上，喜鹊将树枝组合起来，可建造出直径最长达1米、像球一样的巢。这种巢非常坚固，即使刮大风也不会被吹坏。

在欧洲的一些村子里，东方白鹳会用树木的枝条等材料在屋顶建造巨大的盘子状的巢。

村里的人们每年都期待着东方白鹳前来筑巢。

在南极，雄性帝企鹅将卵放在自己的脚上，然后用肚皮包裹住卵为其保温。

　　南极的气温可以降到零下 60 度，如果把巢建造在外面，卵就会被冻坏，所以帝企鹅直接用自己的身体作为巢。

在东京，乌鸦不知道从哪里收集来很多金属衣架，搭成扁平状的巢。虽然看起来粗糙，不太适合居住，但是因为这里树木很少，也只能这样了。

棕灶鸟
（南美洲）

黑枕黄鹂
（亚洲）

花蜜鸟
（非洲）

眼斑织雀
（非洲）

紫寿带
（日本）

白头海雕
（美洲）

通过调查，我了解到，世界上的鸟儿会在各种不同的地方建造出各种形状的巢穴。

美洲燕
（美洲）

棕胸针尾雀
（中美洲）

欧亚攀雀
（欧亚大陆及非洲北部）

安氏蜂鸟
（美洲）

黄胸织雀
（印度）

锤头鹳
（非洲）

白眉企鹅
（南极附近的岛屿）

大红鹳
（非洲）

因为对鸟儿来说，没有任何事情，比为自己的后代选择一个安全的成长场所更重要了。

一到春天，在我家的周围就可以听到鸟儿的叫声。
又到了鸟儿筑巢的季节了。
鸟儿找到不会被人打扰、自己最中意的地方后，
便开始建造让它们觉得最安心的巢穴。

这一切,都是为了养育它们最宝贵的孩子。

每年，鸟儿都会在即将产卵的时候去筑巢。

卵孵化出雏鸟，雏鸟一直到会飞之前都生活在巢中。

但是雏鸟一旦离开巢，这个巢就不再使用了。

夜里，雏鸟会站在树枝上睡觉。

弃掉的巢会被雨、风、雪等毁坏。

（但是燕子、喜鹊的巢不容易被毁坏，如果残存下来，会被再次使用。）

亲鸟很容易受到惊吓，如果在春天和夏天见到鸟巢，请一定不要靠近。

*P38-40 画的是灰头鹀(wú)及它的巢，扉页画的是栗耳短脚鹎(bēi)的巢。

作者：铃木守

1952 年生于日本东京。画家、鸟巢研究专家。主要作品有《山居鸟日记》《鸟巢的智慧》《鸟巢的秘密》《鸟巢的故事》《千奇百怪的鸟世界》《园丁鸟的秘密》以及"黑猫三五郎"系列等。其中《山居鸟日记》荣获讲谈社出版文化奖中的绘本大奖，《园丁鸟的秘密》荣获产经儿童出版文化奖，"黑猫三五郎"系列荣获红鸟插图奖。他喜欢搜集废弃的鸟巢，在各地举办鸟巢展览会和"绘本原画展"。

作者：张小蜂

本名张旭，毕业于北京林业大学园林专业，原中国科学院动物研究所科研助理，主要研究方向为跳小蜂科分类。中国科普作家协会会员、果壳网签约作者，"蜂言蜂语"科普公众号创始人。在《大自然》《森林与人类》《博物》等杂志发表过多篇科普文章。参与翻译、审校《有趣的水边动物》《小青蛙的大发现》《奇怪的虫子》《自然观察入门》等多本科普书籍。